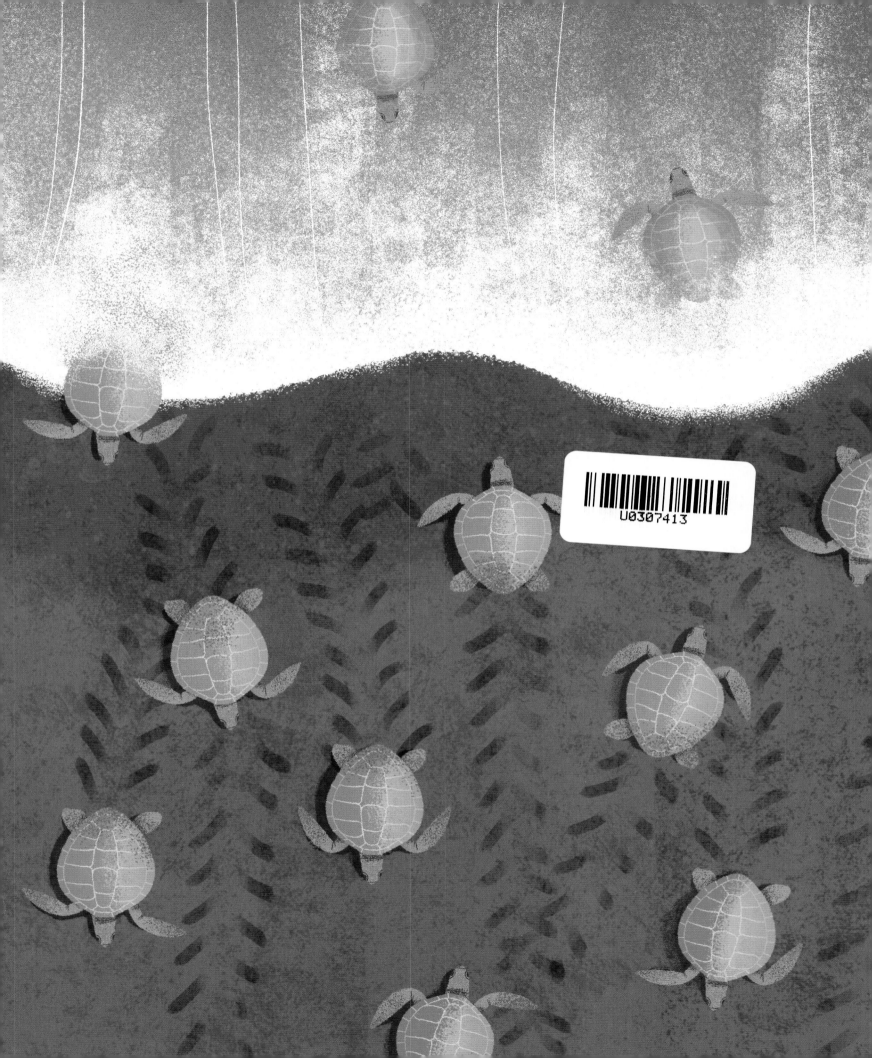

我生平第一次见到有人一边游泳一边拿摄影机撞一只鲨鱼的鼻子，是在1956年。当时我在BBC工作，隔壁房间的一位剪辑师突然兴奋地冲进来，邀请我去看点"特别的东西"。剪辑机闪烁的屏幕上，是一只巨大的鲨鱼图像。他按了一下按钮，鲨鱼就活了过来，径直游向摄像头。我能看到它下颌排得整整齐齐的白色尖牙。它游得越来越近，直到它的头占领了整个屏幕，然后摄影机抖了一下，灰色侧翼一闪而过——鲨鱼消失在了黑暗之中。

　　这个片子是在红海拍摄的，拍摄者是一位年轻的维也纳生物学家，叫汉斯·哈斯。他那时在为BBC拍摄有史以来第一部水下纪录片。当纪录片终于在电视上播出时，引起了巨大的轰动。与那时相比，现在的很多事情已经发生了很大的变化：水下摄影机变得越来越小，一次能记录好几个小时的素材，并且非常灵敏，可以记录海底极深处的影像——那里终日不见阳光，唯一的光线是深海生物在一片漆黑中制造出来的生物光。现在，几乎没有什么海域是我们无法探索的了。

　　所以，在20世纪末，BBC的自然历史部门开始筹拍一部叫《蓝色星球》的纪录片。即使它空前成功，但依然没有任何一个系列能完全覆盖整个海底世界。现在，摄影机能跟着我们去到海洋的几乎任何一个地方，我们还能发现什么样的新故事呢？

　　我们走遍了全球，从热带的温暖水域到极地的苦寒之地，探索海洋生命是如何生活的。自从第一只鲨鱼的鼻子撞到摄影机以来，水下摄影机已经发生了很大的变化，但我们的蓝色星球上仍然充满了神奇的动物。这是一个神奇与脆弱并存之地。有那么多东西需要我们去理解，去保护。所以，支持《蓝色星球》，踏上超乎想象的旅程吧。

——英国著名自然学家　大卫·爱登堡

蓝色星球

[英] 莱斯利·斯图尔特-夏普 著
[英] 艾米丽·多芙 绘
陈赛 译

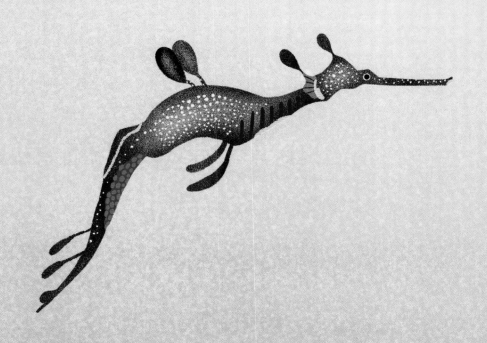

中信出版集团 | 北京

图书在版编目（CIP）数据

蓝色星球 / (英) 莱斯利·斯图尔特-夏普著；(英)
艾米丽·多芙绘；陈赛译. -- 北京：中信出版社，
2021.11

书名原文：BLUE PLANET II

ISBN 978-7-5217-3351-8

Ⅰ.①蓝… Ⅱ.①莱…②艾…③陈… Ⅲ.①海洋-
少儿读物 Ⅳ.①P7-49

中国版本图书馆CIP数据核字 (2021) 第 138252 号

蓝色星球

著　　者：[英] 莱斯利·斯图尔特-夏普
绘　　者：[英] 艾米丽·多芙
译　　者：陈赛
出版发行：中信出版集团股份有限公司
　　　　　（北京市朝阳区惠新东街甲 4 号富盛大厦 2 座　邮编　100029）
承 印 者：鹤山雅图仕印刷有限公司

开　　本：787mm×1092mm　1/8
印　　张：8　　　　　　　　　　字　　数：80 千字
版　　次：2021 年 11 月第 1 版　　印　　次：2021 年 11 月第 1 次印刷
京权图字：01-2021-1244　　　　　审图号：GS(2021)5045 号（本书地图为原书插附地图）
书　　号：ISBN 978-7-5217-3351-8
定　　价：78.00 元

这就是地球

一颗蓝色大理石悬浮于星辰之海。与银河系中其他数十亿颗行星不同，地球有近71%的地方被海洋覆盖。

这是地球上最具生物多样性的家园，也是被探索最少的栖息地。我们对火星地形的测绘甚至都多过海底世界。

尽管海洋里还有无数未知和超过百万的物种有待发现，但我们知道，是海洋赋予着这颗蓝色星球——我们唯一的家园强大的能量。微小的海洋植物制造了整个世界超过一半的氧气，海洋吸收了大量令我们的星球变暖的二氧化碳气体，数十亿人的生计有赖于海洋生命。如果海洋没有生机，我们也将没有生机。

所以，加入我们这趟蓝色星球之旅吧。潜入深海，在那里，超乎你最狂野的想象的生物生活在黑暗之中。探索那些闪耀着五彩光华的珊瑚礁，窥视海洋植物盘根错节的绿色根蔓，拜访喧嚣的海岸——那里的满潮池间车水马龙，川流不息。然后，放下这一切繁华，前往蓝色大海中更加开阔寂静的水域。

继续阅读下去，去寻找热爱我们这颗蓝色星球的所有理由，以及你能做些什么来保护碧波之下的无尽"荒野"。

同一片海洋

海洋中有各种力量在起作用。这是一个不断在运动和变化的地方，潮汐起伏，洋流流转，海浪撞击。但另一种增长的力量——气候变化——正在以史无前例的速度改变着我们的蓝色星球。

北美洲

蒙特雷湾

迷失之城

随波逐流

海洋是一个整体，由全球海洋输送带将一切连接在一起。就像血液泵流全身，深海洋流网络就是整个海洋的循环系统，它缓慢地在全球范围内输送食物和热量。营养丰富的冷水沉入深海，并扩散至整个海洋，而从赤道流向两极的温暖海水取而代之升至海面。这就创造了地球有利于万物生存的气候。

北美海带森林

棕榈滩

太平洋

南美洲

潮汐之战

随着地球转动，海洋一天升降两次。当月球引力向上牵引海水时，地球靠近月球的一侧海平面会上升，造成涨潮。同时，地球在远离月球的一侧，海洋被自转惯性甩离地球中心，从而掀起另一波涨潮。二者之间，海平面下降，是为退潮。

大西洋

制造海浪

海浪从远处滚滚而来，积聚力量，不断上涨，卷起雷霆般的巨大盐雾。有记录显示，海浪最高可以超过30米（10层楼那么高）。

南乔治亚岛

注：洋流流向为北半球冬季洋流流向

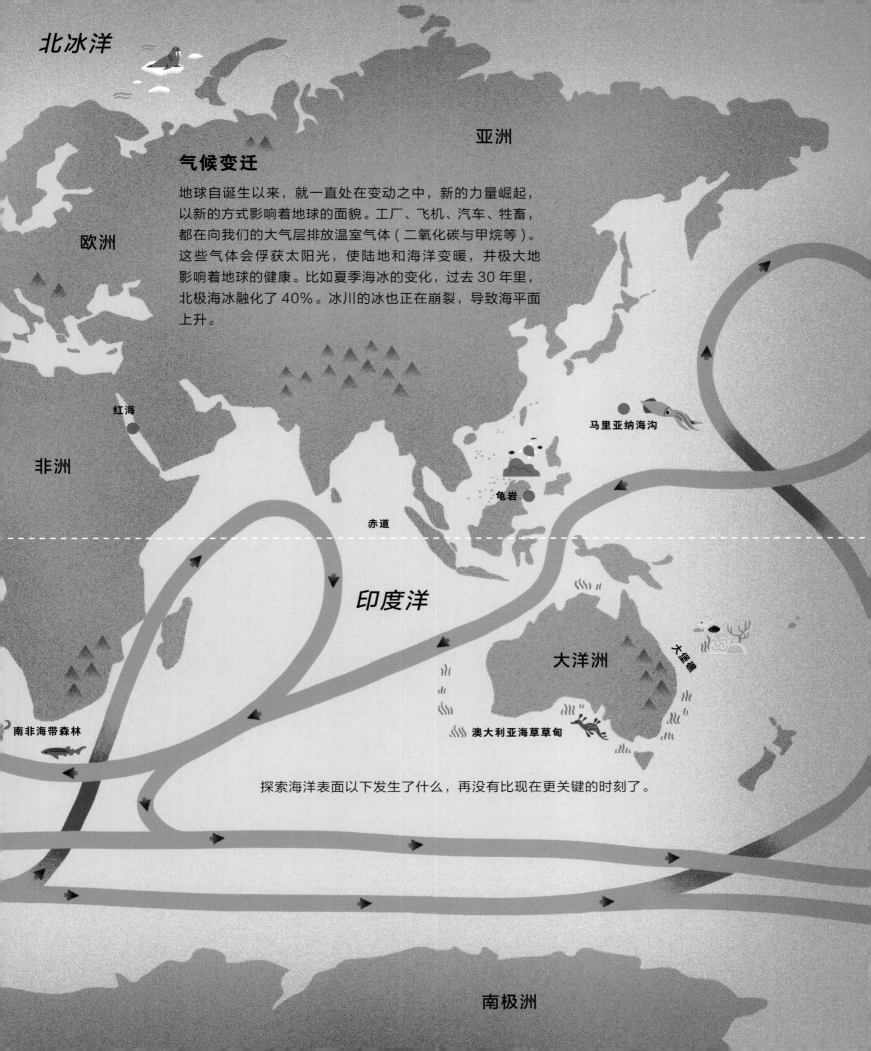

北冰洋

亚洲

气候变迁

地球自诞生以来，就一直处在变动之中，新的力量崛起，
以新的方式影响着地球的面貌。工厂、飞机、汽车、牲畜，
都在向我们的大气层排放温室气体（二氧化碳与甲烷等）。
这些气体会俘获太阳光，使陆地和海洋变暖，并极大地
影响着地球的健康。比如夏季海冰的变化，过去 30 年里，
北极海冰融化了 40%。冰川的冰也正在崩裂，导致海平面
上升。

欧洲

非洲

红海

马里亚纳海沟

龟岩

赤道

印度洋

大洋洲

大堡礁

南非海带森林

澳大利亚海草草甸

探索海洋表面以下发生了什么，再没有比现在更关键的时刻了。

南极洲

深海
未知的边缘

在阳光无法到达的地方，是海浪之下隐藏的一个神秘世界。欢迎来到深海——一个古怪但真实的世界，在这里，鱼可以有脚，动物可以一整年不进食。更不可思议的是，这里有着比地球其他任何地方都更丰富的生命。所以，来，深呼吸，让我们一起潜入深海。

深海极大，比地球其他所有栖息地加起来都要大。在阳光普照的浅海之下，是未知的边缘——寡光区。这里昏暗、寒冷，压力巨大，怎么可能有生物能生存下来？

但是，随着最后一道光线消失……黑暗中出现了一丝微光。巨大的美洲大赤鱿，用强大的吸盘出击，转瞬之间从白色变成红色，然后消失在漆黑的烟幕中。但它们并不孤单：神奇的是，90％ 的海洋鱼都把暮光区当成它们的家园。

剑鱼

灯笼鱼

火体虫

美洲大赤鱿

在午夜区，有一些生物像是从你的噩梦里走出来的，比如可怕的尖牙鱼，它能吞下相当于自身三分之一大小的猎物。但是，在这永恒幽暗的深海中，很多生物通过生物发光自制光亮——骤然亮起，仿佛烟花绽放。

灰六鳃鲨

尖牙鱼

水母

海参

单棘躄鱼

这些如雪花般飘落的碎屑，是由已死或将死的动植物躯体、细菌、粪便颗粒、泥沙和尘土等物质组成，是深海很多生物的食物来源，它们养育着水母、张开身体像把雨伞的海参等生物。最终，剩余的碎屑掉落到深渊区的海床上。

但 这 里 还 不 是 海洋 最 深 处。

在海洋的某些部分，深海一直延伸到深渊区的海沟。去过太空深处的人，比来过这里深处的人多。这里是另一个世界。

屏住呼吸——让我们来见见深海中的生物。

来自深海的故事

死亡之池

生物尸体腐烂后会产生一种叫甲烷的气体，并从海床上喷发，就像火箭升天一样。在墨西哥湾，这样的喷发会释放出一种极咸的液体，叫"卤水"，就像人们用来腌泡菜的卤汁。

卤水因为比周围的水要咸很多，也重上5倍，悬置于海床之上，看起来就像一个个怪异的池塘。但是，不要靠得太近——这些"池塘"都是死亡陷阱。

对大部分动物来说，高盐的东西是有毒的，那些进入"池塘"的动物都要冒惨死的危险。但池塘也是诱人的。对通鳃鳗来说，那一排排美味的冷泉蚌简直难以抵抗。

通鳃鳗抓住机会，冒死游入"池塘"，有一些中毒休克，全身扭曲成结，像在表演一场恐怖的杂技。

一位杂技演员被困住了，拼命挣扎，它能逃脱吗？

最后一扭，它终于从盐卤池的致命陷阱中逃了出来，总算是活下来了。

玻璃屋之恋

深海之下，隐藏着一个下沉花园，冷水珊瑚长得像羽毛和树木，海绵则像是用玻璃织出来的——这是精美的维纳斯花篮（偕老同穴的另称）。

在这里，两只虾被爱情冲昏了头脑。

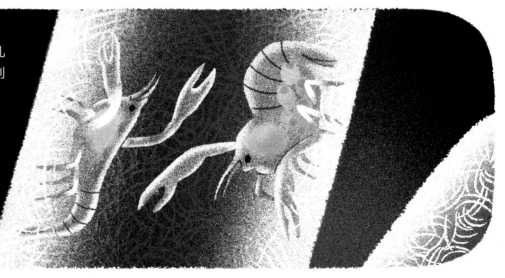

其实，它们是在幼小的时候从水孔进入的"海绵"。在里面，它们找到了用之不尽的食物，以及彼此。

它们无须离开。而现在，它们永远也离开不了。因为它们太大了。

但是，它们的宝宝们可以离开，
从海绵的洞洞里游出去……

整个海洋正等待着它们去探索。

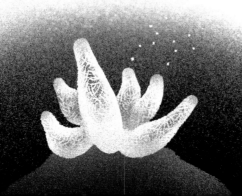

大餐来了

当食物降落到深海时，各种生物在黑暗中蜂拥而至。这里食物难觅，所以当一头正在腐烂的抹香鲸（相当于一辆货车的重量）下沉 800 多米并最终落到海床时，便引发了一场盛宴狂欢。

灰六鳃鲨可能一年才进食一次，所以它们在吃的时候总是大嚼特嚼，就像饥肠辘辘的青少年刚刚到达晚餐现场。

不到 24 小时，抹香鲸三分之
一的尸体就消失了，贪婪的
鲨鱼终于吃了个饱。

然后，轮到"保洁人员"上场了。岩蟹和
蜘蛛蟹加入了 30 多种食腐动物的队伍，
齐心协力把骨头啃了个干干净净。

现在，狂欢派对的消息已经传到另一位
深海猎手耳中——状似鳗鱼的带鱼。它
悄无声息地向上游，

越来越近，

越来越近，

然后，它出手了，

用针状利齿赶走了那些
小清道夫。

4 个月后，抹香鲸只剩下了一副骸骨，
"僵尸们"接手的时刻到了。僵尸蠕
虫们往抹香鲸的骨头里注入酸液，钻
蚀出管道，将骨头里的营养物质一吸
而尽。

海床盛宴结束了，
没有一丁点浪费。

深海中的居民

哇，你的眼睛好大！

在暮光区昏暗的海水中，光线是从上面来的。
对这里的很多生物而言，眼球越大越好。

剑鱼的眼球有乒乓球大小，而且
会发热，能在深海模糊的光线里
把你看得清清楚楚。

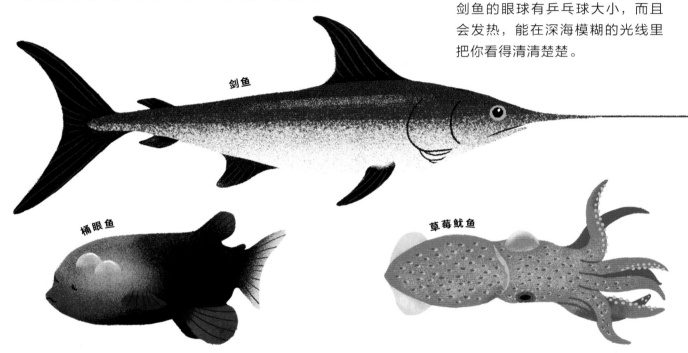

剑鱼

桶眼鱼

草莓鱿鱼

桶眼鱼之所以得名，是因为它有一双管状的眼睛，
这眼睛可以在透明的脑袋里转动，随时侦测潜在的
猎物，比如一顿美味的水母午餐。

这种诡异的草莓鱿鱼，左眼是右眼的两倍大，
左眼向上看，右眼向下看。

你的触手好长！

长得像果冻一样的管水母是一张绵延的巨大的死
亡之网。它们的触手长有尖刺，能捕捉小的甲壳
类动物，它们还是地球上最长的动物之一。管水
母能长到40多米长——比蓝鲸还长。

北美大赤鱿有2米长，大约相当于一个成年男
性的高度。这种饥饿的猎手能用强大的触腕和
锋利的嘴缠住猎物。

你的光好亮！

就像陆地上的萤火虫会发光一样，很多深海动物都会生物发光，点亮大海深处昏暗的水域。这种化学反应产生的光，能帮助它们吓走天敌、吸引异性——或者它们的晚餐。

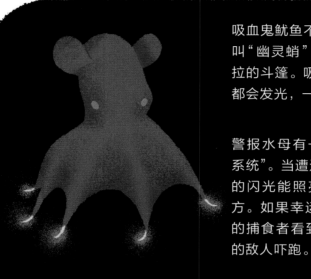

吸血鬼鱿鱼不是吸血鬼，它甚至不是鱿鱼，它的学名叫"幽灵蛸"—— 但它看上去的确像是穿了一件德古拉的斗篷。吸血鬼鱿鱼有八只触手，每只触手的末端都会发光，一闪一闪的，能迷惑猎物。

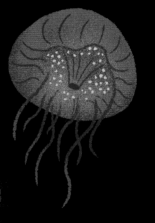

警报水母有一个内置的"警报系统"。当遭遇攻击时，它发射的闪光能照亮 90 米之外的地方。如果幸运的话，会有更大的捕食者看到这些光……将它的敌人吓跑。

浮蚕有一个秘密武器。当面临攻击时，它会发射出黄色的火花，然后伺机逃走。

你的牙好尖！

黑软颌鱼的别名很好笑，叫"掉了下巴的交通灯龙鱼"，但它可不好对付。即使深海虾有发光的烟幕防身，黑软颌鱼只要打开红色的搜索灯就能看得清清楚楚，然后用针尖一样的牙齿进行攻击。

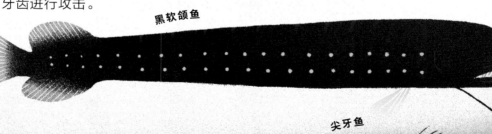

黑软颌鱼

尖牙鱼有着可怕的尖牙。它的牙太长了，以至于它的上腭还专门配备一个"插槽"来放它的长牙，这样当它下巴合拢时才不至于让牙把自己的脑袋穿破。

尖牙鱼

但你的鳍好可爱！

这位是"烙饼"。它可不是面点，而是章鱼哟。这种可爱的章鱼有着粗短的触腕，大大的眼睛，鳍长得像耳朵，一扇起来虎虎生风。

烙饼章鱼

"失落之城"的生命

在向深渊进发之前，我们本以为会找到一片生命的荒漠。没想到，我们很可能发现了生命之源。

在海洋的滔滔巨浪之下，狂暴的火山活动从未停止，不断撕裂着海床。

当冰冷的海水顺着岩石裂缝渗入灼热的地心时，它会携带矿物质，并被加热至不可思议的高温。超热的海水（将近 400 摄氏度）也会倒灌入冰冷的海洋，形成状似烟囱的热泉喷口。不可思议的是，热泉喷口蕴含的生命之多，可以与热带雨林相媲美：1 平方米的地方聚集了 50 万种动物。

在大西洋的海水之下，有一批高耸的热泉喷口被称为"失落之城"。科学家发现，这里正在制造碳氢化合物——这种分子是构成所有生命的基础。

他们认为，40 亿年前，地球上的生命可能就是在这样一个喷口的周围诞生的。如果生命可以在这种极端环境中诞生并且繁衍发展，那么，它们也可能存在于银河系的最远端。

珊瑚礁
欢迎来到珊瑚城

远在深海之上，碧波之下。浅浅的热带水域中隐藏着熙熙攘攘的"秘密城市"。欢迎来到海洋最繁华的栖息地：珊瑚礁。华丽的鱼和明亮的珊瑚礁构成了这个五彩斑斓、灯红酒绿的"城市"。这还是一个喧嚣热闹的"城市"，小虾啪嗒啪嗒，海胆咔嚓咔嚓，小鱼嘎吱嘎吱……

宽吻海豚

成群的鱼儿随着水流，在珊瑚架之间穿行，鲨鱼和蝠鲼则在上面的水域巡游。

隆头鹦哥鱼

鞍背小丑鱼

咚咚咚，是谁啊？
谁都在！尽管珊瑚礁只占据整个海洋面积的0.1%，但1/4的海洋物种——还有很多尚未被发现的物种，以这里为家。

在这里，大家比邻而居。有些动物住在像房子那么高的珊瑚里，有些动物则更愿意藏身在珊瑚礁深深的裂缝里。你问这些充满活力的水下世界的建筑师是谁？

那便是珊瑚虫——一种跟沙粒差不多大小的微小动物。

珊瑚虫的能量和美丽的颜色来自生活在珊瑚中的海藻。它们彼此协作，互惠互利，海藻喂养珊瑚虫，珊瑚虫则为海藻提供家园。这些家园是它们一毫米一毫米建造出来的。

珊瑚虫是辛勤的建造者，它们依附在岩石之上——有时候成千上万倍地繁衍——形成囊状的群落，嘴边环绕着一圈带刺的触手。

绿海龟

石斑鱼

达纳章鱼

有的珊瑚虫分泌碳酸钙（石灰石的主要成分）之后，形成坚硬的骨架，硬珊瑚就是这样被制造出来的。一年之内，最慢可以长个 3 毫米，最快则能长到 100 毫米（相当于一个成年人的手的宽度）

难怪有些珊瑚礁的形成要花上数百万年。

来自珊瑚礁的故事

珊瑚礁是一个"术业有专攻"的地方：超级爱整洁的鞍背小丑鱼将它的海葵地毯收拾得干干净净，灰礁鲨在珊瑚礁边缘兢兢业业地巡逻。但"珊瑚城"中也不都是"工作狂"，有些生物看起来颇为享受人生。

放轻松……

加里曼丹岛的海龟岛，绿海龟们的水疗时间到了。它们远道而来，这里有鳚鱼和刺尾鱼之类的小鱼，能帮它们清除海藻、寄生虫和壳上的死皮。海龟们缩进岩石的空隙，闭上眼睛，然后……

放松。

等等，谁在吵闹？

原来，有些海龟排队不老实，居然互相咬起了鳍肢。真是一场客服灾难。

最终，人人都有份。

小鱼们吃饱了，海龟们看起来精神极了。

孩子的玩耍

红海，一场晚间宵夜之后，一群宽吻海豚正在休息。妈妈、爸爸和小宝宝在打盹儿，而几个小年轻貌似正在玩"丢珊瑚"的游戏。

游戏规则如下。

1 捡起一块碎珊瑚，

2 丢掉，

3 看着它沉下去，

4 再来一次。

这可不只是贪玩，而是成长的一部分。丢珊瑚的游戏也许是为了磨练它们的技巧，为将来在海洋里的捕食做准备。

"郊区"恐怖事件

月黑风高，一处珊瑚礁的边缘，正上演一个凶险的故事。在开阔的沙滩郊区，一条狮子鱼（学名：蓑鲉）在狩猎。它打了个冷战。也许它知道有什么东西正在观察它的一举一动？

是的。一只巨大的博比特虫正静静地潜伏在那里。这是一种食肉蠕虫，一米长的身体掩埋在沙子里，剃刀般尖利的下颌大张着。但是，狮子鱼没看见，它游得越来越近了。

沙子里有什么东西搅动了一下。然后……

咔嚓！

博比特虫出击了，一把将狮子鱼抓进了它的洞穴。

捕猎者变成了猎物。

珊瑚礁中的居民

珊瑚天际线

彩虹礁是上千种硬珊瑚和软珊瑚的家园。硬珊瑚是珊瑚礁的骨架，包括脑纹珊瑚、鹿角珊瑚、花椰菜珊瑚和手指珊瑚。不难看出它们的名字是怎么来的。软珊瑚则像植物和海草一样柔软，摇曳生姿，晶莹闪烁，包括康乃馨珊瑚、毒菌珊瑚、海扇和树珊瑚。

脑纹珊瑚   鹿角珊瑚   花椰菜珊瑚   手指珊瑚

康乃馨珊瑚   毒菌珊瑚   海扇   树珊瑚

聪明的头足类

这些聪明的无脊椎动物，包括章鱼、鱿鱼和乌贼。鱿鱼和乌贼有八条腕，外加一对顶端带吸盘的捕食触腕。准确地说，章鱼没有"触腕"，而只有八条短而强壮的腕，每条腕都布满吸盘。

白斑乌贼

条纹蛸

这只聪明的条纹蛸正"踮着脚走路"，随身携带着自己的藏身之所——椰子壳。

白斑乌贼是伪装大师。它们的皮肤能随意变换颜色和图案，这意味着它们能随意"变身"，上一分钟还是块石头，下一分钟就变身为一束海藻。白斑乌贼还会上演自己的灯光秀，迅速变换颜色，催眠它的午餐。

迷人的蝠鲼

蝠鲼体盘宽可达 3 米，在水中遨游时，就像鸟儿在天空展翅飞翔，优雅而轻盈。到了午餐时间，一群蝠鲼来回穿梭，制造漩涡，这叫"龙卷风式进食"。一条蝠鲼一天能吃下 27 千克的浮游生物和鱼（相当于一个 8 岁小孩儿的重量）。

蝠鲼

迷幻的蛞蝓

某些类型的翼蓑海蛞蝓有一套很狡猾的防御方法。这种无壳的软体动物从它们的猎物（海葵、珊瑚虫及其他带刺的动物）身上获取刺细胞，而它们的唾液能阻止自己被刺。它们收集猎物的刺，储存起来……当它们遇到危险的时候，再用来攻击敌人。

海蛞蝓

大西洋海神海蛞蝓

扇羽海蛞蝓

海底喷水机

海鞘是一种漂亮的管状生物，通常依附在珊瑚和岩石上。它是一种滤食性动物，一端吸入海水，过滤出其中的浮游生物及其他食物颗粒，再从另一端排出剩余的海水。紧张的时候，它们还会把自己的胃给吐出来。

金口海鞘

会利用工具的猪齿鱼

鞍斑猪齿鱼喜欢吃蛤蜊。但蛤蜊鲜美的肉裹在厚厚的硬壳里面。幸运的是，猪齿鱼有个称手的工具。它把蛤蜊衔在嘴里，游到它最喜欢的砧板——一个珊瑚岬，它一次次地把蛤蜊往珊瑚岬上面摔，直到蛤蜊的壳被摔开。晚餐准备好了！

鞍斑猪齿鱼

生命的平衡之道

我们的珊瑚城虽然璀璨华美，却很脆弱。海水必须是干净的，温度也必须不高不低，珊瑚礁的建筑师们——珊瑚虫和海藻不喜欢突然的变化。但不幸的是，海洋正在快速地变化。

遭污染的淡水排入海洋后，海水变得浑浊，没有足够的阳光让珊瑚生长。随着气候变暖，海洋的温度升高，也不再适宜珊瑚生长。在这些因素的影响之下，全世界范围内的珊瑚礁都在逐渐死亡。

但一年一度，最神奇的自然事件仍在发生。当满月照亮平静的海面时，数以十亿计的五彩气球样的小圆团漂浮在海洋表面。这是珊瑚在产卵。卵团一经释放，就随水流漂走。在受精并发育成为幼虫后，它们就会漂洋过海，寻找一个新的珊瑚城作为自己的家园。

如果我们能阻止海洋变暖，珊瑚就可以继续产卵，那些已成废墟的珊瑚礁也有望重生。

绿海
海底森林与花园

陆地上有绿色森林，海底则绽放着它们的镜像。海带森林、海草草甸，还有沿海盐沼、红树林湿地，它们是我们的星球上最重要，也最被忽视的生态系统。在这里，在这"绿海"之中，生命一直在诞生，生长，繁衍不息。

寒冷的浅海区，绿草摇曳生姿，宛如跳着优雅的水下芭蕾。这样的海带森林在 1/4 的海岸线附近都能找到。粗壮的金褐色海带，像树木一样沿着海床向上伸展，一天能长 50 厘米，最高能长到 60 米以上（有塔楼那么高）。

海狗

岩龙虾

在这里，对食物和空间的竞争极为激烈：海狗和鲨鱼在"森林"茂密的顶冠之上巡游，石斑鱼在茎部徘徊，岩龙虾则占据根部。

从热带到北极，还能找到另一种重要的绿海栖息地：繁花似锦的海草草甸。它们沿着海床生长，就像绵延的草原。在阳光普照的海水中，你可能会发现绿海龟和儒艮在吃草，从而保持草坪修剪得体以及它的"健康"。

海草草甸对于幼鱼的生长来说极为重要。但绿海之中，还有更生机勃勃的庇护所：沿海盐沼和红树林。它们位于海岸边缘，小鱼仔藏在纠结缠绕的草、根和叶子中间，可以躲开饥饿的捕食者。

睡袍鲨

我们的绿海——海带森林、绿草草甸，盐沼和红树林，是海底世界最拥挤的地方。它们共同维系着蓝色星球的这些海洋生命。

普通章鱼

来自绿海的故事

啊呜啊呜，海胆午餐。

大多数时候，海獭独自捕猎，但有时候它们会聚集在大木筏上休息。科学家曾见过上千只海獭一起浮在海面，海带缠绕着它们的身体，所以它们其实是锚在海床上的。它们仰天漂浮，鼻子和脚趾懒懒地指向空中。真是幸福！

但是，你听到声音了吗？嘎吱，嘎吱，嘎吱。在北美的太平洋海带森林，一大群海胆铺满了海床，密密麻麻的，一身尖刺的它们看着很像针插。

它们的牙齿看着像兔牙，尖利得跟刺刀一样。如今，它们已经扫荡了整片海带森林，直吃到海带的根部，海里到处漂浮着断了的海带。

得有人控制一下这些海胆了。

幸好，一群热情的海獭前来救援了。这些海里的"泰迪熊"有着惊人的胃口，而海胆就是它们的美食。它们能帮忙控制海胆的数量，保持海带森林的健康。

章鱼玩"躲猫猫"

一，二，三……准备好了吗？鲨鱼来啦！

一头饥饿的睡袍鲨正在南非的海带森林巡游，从顶上往下窥视。

它想来点章鱼触腕做下午茶。

幸运的是，章鱼的伪装术很厉害，它用贝壳和石头给自己造了一套盔甲，静静地，静静地待着。

这只章鱼发现自己正在玩一个让它不大舒服的躲猫猫游戏。

鲨鱼游过去了。

章鱼这才从一堆贝壳中睁开眼睛，然后噗地喷出一股浓墨……

聪明的章鱼成功逃生。

蜘蛛蟹对阵

随着咔嗒咔嗒的声音，成千上万只蜘蛛蟹正在澳大利亚海草草甸上穿行。它们爬到彼此身上，形成了一个近百米长的"土丘"。这些螃蟹们是来这里换装的。

它们在长大，需要脱掉身上的旧壳，换上一身更宽大的新壳。新壳一开始有点软，几天后才会变硬。所以就现在而言，它们是"光溜溜"的。

赤魟
（别名黄貂鱼）

一只饥饿的黄貂鱼猛扑过来。一些蜘蛛蟹被从"土丘"上冲开了，但团结力量大，阵形保安全。

绿海中的居民

Fe Fi Fo 海带！

住在海带森林的居民们一定觉得自己被巨人包围了。神奇的魔豆！海带直立水中，长得很快，噌噌往上，很快就遍布水中。

草海龙

这是"龙"

这是一片叶子？一只海马？不！这是一个草海龙。长长的鼻子和尾巴，叶子形状的四肢，这种海龙能完美地隐身在海草与海带之间。

虾蛄爱侣

它不是斑马。它不是螳螂。它甚至不是虾。它是会发光的斑琴虾蛄——绿海中最致命的捕食者之一。它大概有 4 岁孩子的腿那么长。斑琴虾蛄是好伴侣，当雌性产卵时，雄性会拖着猎物到洞穴里给它饥饿的伴侣享用。有一些斑琴虾蛄夫妇会在一起生活20 年。

斑琴虾蛄

伟大的园丁

亮橙色的高欢雀鲷是坏脾气的园丁。为雌鱼搭建爱巢的时间到了，它正在忙碌地收拾家园。海草和海藻都修剪过了，不受欢迎的客人嘛……被迅速地处理了——海蜗牛被一只只地拖出去，海胆严禁入内！

高欢雀鲷

巨大的海带

一个美丽的花园可以帮助高欢雀鲷求得佳偶，随后它们在"花园"里产卵。

虎鲨

在海草草甸徘徊

就像大猫在非洲大草原漫游，虎鲨则在
澳大利亚海草草甸上闲逛。有一些虎鲨
能长得比汽车更长。它们之所以叫虎鲨，
是因为身上的灰色斑纹很像老虎的。

绿海龟每天要吃掉 2 千克的海草，
它们"工作"勤勉的程度堪比水下
除草机。因为周围有虎鲨出没，所
以它们总是四处奔波游走，不过这
有利于海床的"健康"。

绿海龟

河流遇见海洋的地方

潮汐水域里也能找到红树林。这些树的根露出地面，就像通气管一样，
在潮汐来去间，帮助它们呼吸。有一些支持根的形状像铅笔或钉子，
被毛孔覆盖，就像人的皮肤一样。

咸水鳄

美女与野兽

有一些幼鱼，比如伊氏石斑鱼的幼鱼，在红树
林泥泞的根部躲避更大的鱼、鳄鱼和鸟。

红树根

伊氏石斑鱼

海洋中的超级英雄

我们的绿色海洋正面临困境。它们被清除，被建造成城镇，被污染窒息。上升的海平面意味着更少的阳光照射到海底的植物，而这些植物需要阳光才能生长。海底森林的"健康"对我们每个人都至关重要。

海草草甸、海带森林、红树林、潮汐沼泽，它们捕集和封存着数量惊人的碳，有助于减少大气中导致全球变暖的二氧化碳的排放。绿色海洋中这些不起眼的植物喂养着整个生物链中的生命："绿海"喂养着微型浮游生物，浮游生物喂养着食草动物，食草动物又喂养着海洋中最强大、最凶残的食肉动物。"绿海"是海洋中的超级英雄。就像陆地上的森林，大海中美丽的森林同样需要我们的保护。

海岸
不断变化的世界

在陆地与海洋之间，是一个狂野的、不断变化的世界，一个无法被驯服的世界。在海浪的拍击和流沙的变幻之下，海岸是不同世界相互碰撞的地方。

每当潮水退去，你就能看到满潮池与海岸中隐藏的奇妙仙境。

为了生存，很多生物要在低水位世界和高水位世界之间不断往返，但它们不能久留，因为这里的世界随着潮汐瞬间万变。

褐藻

赭色海星

帽贝

海浪远远而来，一浪高过一浪，滚滚涌向海岸。它们是伟大的海洋雕刻师，雕刻出高大的城堡和宏伟的拱门。连最温柔的涟漪，也在岸边凿沙，一次一粒，持之以恒。

当潮水退去，被风吹过的沙滩、粗粝的海岸线和满潮池绿洲方才显露出来。在这个低潮世界里，只有最强壮的生命才能生存下来。

大绿海葵

蓝贝

海柠檬

潮来时被海浪冲上海岸，潮落时则被晾在高地，这里的生命已经学会了如何适应这样的生活。每天有几个小时是满潮池中生物数量的高峰时期，海岸生物们摩肩接踵，滑行的、疾走的、踩踏的，都赶着在潮水回来之前填满肚子。

这就是海岸的奇妙世界。

蓝脚寄居蟹

来自海岸的故事

象海豹之争

南乔治亚岛，亚南极群岛的海岸，这只强壮的象海豹是一位海滩管理员。它的体重相当于 8 架大钢琴，它还喜欢跟女朋友一起躺着打盹。但对于路过此地的帝企鹅而言，这么多熟睡的巨人，简直是一堵堵脂肪墙，既不能从上面跨过去，也不能从下面穿过去。怎么过去呢？

小心翼翼地，企鹅们正打算踮着脚尖……

突然，传来一阵咕噜咕噜的喉音。象海豹的老大醒了。另一只象海豹冲了过来——它是来挑战老大的。噢，天哪，可怜的企鹅陷入了"战场"。

企鹅往左，再往右，
想要快速绕过。

每一次拍打、猛冲、
撕咬，都是地动山摇。

最终，老大占了上风。在骚乱之中，
企鹅们摇摇摆摆地飞快走过。

抓螃蟹

这些敏捷的电光蟹正在热身。当潮水退去，海岸边可供它们美餐一顿的海藻田绵延100多米。是时候穿过岩石，直奔美食了。它们看起来有点害怕，那是因为它们真的在害怕。在它们和午餐之间，有很多狡猾的捕猎者。水下总是潜伏着些什么。

准备，开始，跑！螃蟹，快跑！

螃蟹们开跑了，从一块岩石到另一块岩石，小心地不碰到水面。

一条链海鳗突然从海里跳出来，但没抓到螃蟹，又扑通一声落到水中。

哗啦！

一只惊魂未定的螃蟹滑进了池子。

快游吧，电光蟹，快游！

它好不容易才爬回了滑滑的岩石。

但没有地方是安全的。

一只章鱼从石缝里钻出来，拍打着身体朝岩石爬去。

它就在你后面，电光蟹！

螃蟹爬呀爬，但正当它要跳到岩石上时……一条鳗鱼抓住了它的腿。这就完了？不！幸运的是，一扭一抖，螃蟹终于逃脱了。

赶紧吃吧，可怜的电光蟹。几个小时后，你还得再来一次历险，在潮水回来之前回去。

漂在冰蓝大海

在北极冰冷的海洋中，生活着海象。这是一个正在融化的世界。升高的海面温度令厚厚的海冰不断融化，那里曾经是海象妈妈哺育幼崽的安全之所。

稀薄的海冰不堪重负，眼看着要碎裂崩塌，成百上千个爱争吵的海象妈妈不得不到陆地上试试运气。

它们紧紧地靠在一起，热气从它们的身体里蒸发出来，海象们似乎闻到了海面上的危险。恐慌开始扩散。

北极熊。

北极熊也有幼崽要喂养。海象宝宝们有危险了。

海象群里发出大声的警报，它们争先恐后地往海里跳，争夺剩下的几块浮冰。

但是，浮冰越来越少，越来越远……

它们绝望地想要游到安全地带。

一个海象妈妈在海面上不停地东张西望，想给它那累坏了的宝宝找到一点空间。它把宝宝抱在自己的鳍肢之间，想试着让宝宝浮起来，但宝宝太累了。

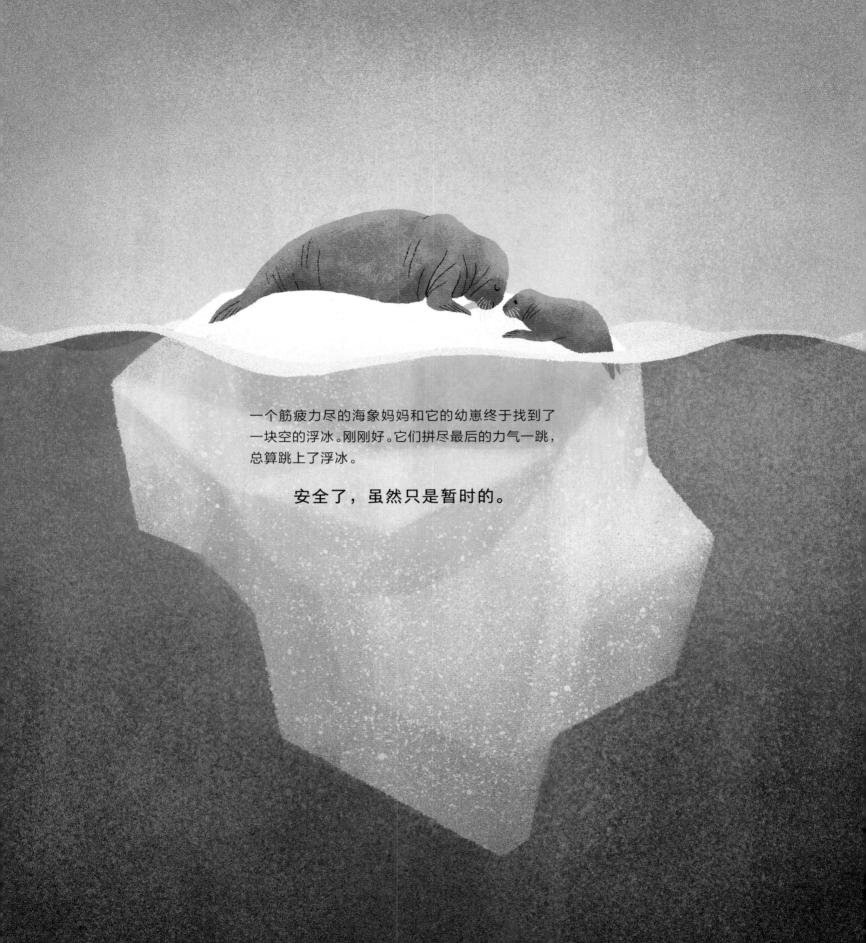

一个筋疲力尽的海象妈妈和它的幼崽终于找到了一块空的浮冰。刚刚好。它们拼尽最后的力气一跳，总算跳上了浮冰。

安全了，虽然只是暂时的。

海岸上的居民

雏菊海蛇尾　　　紫海胆　　　加州海参

棘皮动物

Echinoderm（棘皮动物）在希腊语中的意思是有尖刺的皮肤。棘皮动物包括海星、海参、海胆和蛇尾等。这些动物很古怪，它们没有心脏、大脑或者眼睛，有一些有嘴巴，但长在身体下面，而屁股则长在身体上方。大部分海星有 5 条腕，但也有一些海星有 10 条、20 条甚至 40 条腕。

帽贝

赭色海星

鳞虫

超人帽贝

帽贝，是满潮池里的超级英雄。当遇到攻击时，有些帽贝有滑溜溜的盾牌可以防身，还有一些帽贝则藏有别的秘密武器。在帽贝的壳里常常能发现一种叫鳞虫的家伙，这是帽贝的保镖，如果有谁胆敢冒犯帽贝，就得先被鳞虫咬上一口。

雏鸟与"渔夫"

刚孵出来的一周大的大西洋海雀很容易饿，每天要吃五顿饭。为了它们的一日五餐，爸爸妈妈们要飞到 50 千米外的大海，潜入 40 米深的海水抓鱼，就像勤勤恳恳的渔夫一样。

大西洋海雀　　　北极贼鸥

海上强盗

北极贼鸥的大部分食物都是偷来的。海鹦、海雀之类的海鸟们忙了一天，好不容易带着猎物回家时，北极贼鸥就来了。它们在海浪之上飞得又低又快，突然发难，抢走别人的猎物。

勇士企鹅

企鹅有 17 种，绝大部分都生活在南半球（除了位于赤道北部的加岛环企鹅）。这些鸟没有翅膀，不会飞，但有鳍肢，所以，虽然它们在陆地上很笨拙，但在水里却非常矫健。

南极洲的帝企鹅以顽强著称，它们成群结队挤在一起能承受零下 40 摄氏度的低温。它们个子很高，可达到 6 岁孩子的身高。

帽带企鹅

巴布亚企鹅

帝企鹅

帽带企鹅的名字来源自下巴的一圈黑色羽毛。

巴布亚企鹅一天能潜水 450 次，它们的游泳速度比奥运会自由泳冠军快 3 倍。

太平洋高冠鳚鱼

不生活在水里的鱼

这条 8 厘米长的太平洋跳鱼大半辈子都不是在水里度过的。雄鱼会爬到退潮线 1 米以外的地方——感觉大概跟爬悬崖差不多。在这里，它将自己的巢筑在美味的海藻之间。但它还要吸引退潮线内的雌鱼的注意力，让雌鱼爬到这里来产卵。秀一秀它的橙黄色鱼鳍也许管用。

世界在碰撞

今天，有许多人居住在海岸线附近。但早在人类来到这里之前，动物们就已经栖息在这一带了——如今它们仍然在此。

在美国佛罗里达州的棕榈滩上，成千上万的游客与一万头黑鳍鲨和直齿真鲨共享同一片海域。这里是地球上最大的鲨鱼聚集据点之一——它们在这里休息，然后继续北行。

在我们的海岸线上，有多少高耸的悬崖，就有多少摩天大楼。有多少绵延的沙滩，就有多少购物中心。海岸生物要应付的，不再只是潮涨潮落，还有人类的世界，以及人们带来的污染和不断的开发。我们的世界在碰撞，但人类与自然的和谐相处为时不晚。

深蓝远海
海洋的内陆

地球上最广袤的荒野不在高山之巅，而在大海中央。

远离熙熙攘攘的海岸线，深蓝远海就是海洋里的荒漠——茫茫无边，空空荡荡，至少表面看上去如此。这里食物很少，但有时候，鱼群经过的消息会引来许多海洋里的大型捕食者，从而令这里的生命突然爆炸式地增长。

飞旋海豚

深蓝远海够大够空，为海洋里的幼小生命提供了安全的庇护所。这只幼小的绿海龟不断挥动着它的鳍肢，从拥挤的海岸往远海进发。一根漂流的浮木成了它的避难所，它在这里食用小小的海藻、藤壶和甲壳类动物。但它仍然时刻保持警惕，即使在这里，大型捕食者也并不遥远。

绿海龟

大型海洋哺乳动物，比如鲸和海豚，为了填饱肚子，也会在海洋里长途迁徙。速度极快的鲨鱼以及海洋里真正的短跑冠军——旗鱼，也乘风破浪，奋力向前。

在这片不可思议的栖息地，距离陆地数千千米的地方，海洋里最年幼的和个头最大的居民都开始了它们横跨深蓝远海的史诗之旅。

来自深蓝远海的故事

沉睡的巨人

抹香鲸妈妈正在休息，鼻子朝下，尾巴朝上——就像立在海里一样。
和其他的雌性抹香鲸一起，它可以这样睡上 15 分钟。

一动不动，雄伟壮观。

但今天早上没时间休息了。它的宝宝饿了，要吃奶。妈妈睡眼惺忪，不情愿地睁开了一只眼睛。它得进食才能产奶。它潜入深海，就像一艘潜艇，往下，往下，再往下，直到黑暗的深处。声呐会帮它捕捉一群鱿鱼……

嘀嗒，

嘀嗒，

嘀嗒……

潜得越深，它的嘀嗒声变得越快：

嘀嗒、

嘀嗒、

嘀嗒、

嘀嗒、

嘀嗒，

然后，是一片寂静。

早餐开始了。

塞了一肚子的鱿鱼之后，是时候回到海面，让它的宝宝喝奶了。

完美现身

大家都在赶往美国西海岸蒙特雷湾的路上。

夏日的阳光照耀海面，大海中出现了大片大片的小海藻。数百万鳀鱼为追逐这场盛宴而来，而在它们身后又跟着饥饿的企鹅和海狮。海鸟从空中俯冲入海。大家都争先恐后地要饱餐一顿。

然后，海浪之下传来一阵雷鸣般的咆哮声。

一头座头鲸轰然跃出海面。

它布满藤壶的后背上仿佛有瀑布倾泻而下，100多千克的鱼经鲸须（一种口腔刷毛）过滤后进入它的巨口，重量相当于一头正快速经过的海豚。

小小的海藻引发了连锁反应，制造了一场规模浩大的海上迁徙，喂养着横跨整个海洋的生命。

深蓝远海的居民

大洋邮轮和巡洋舰

深蓝远海看起来空空荡荡，但其实车水马龙，川流不息。
下面这些就是在海洋"高速公路"上航行的巨兽们。

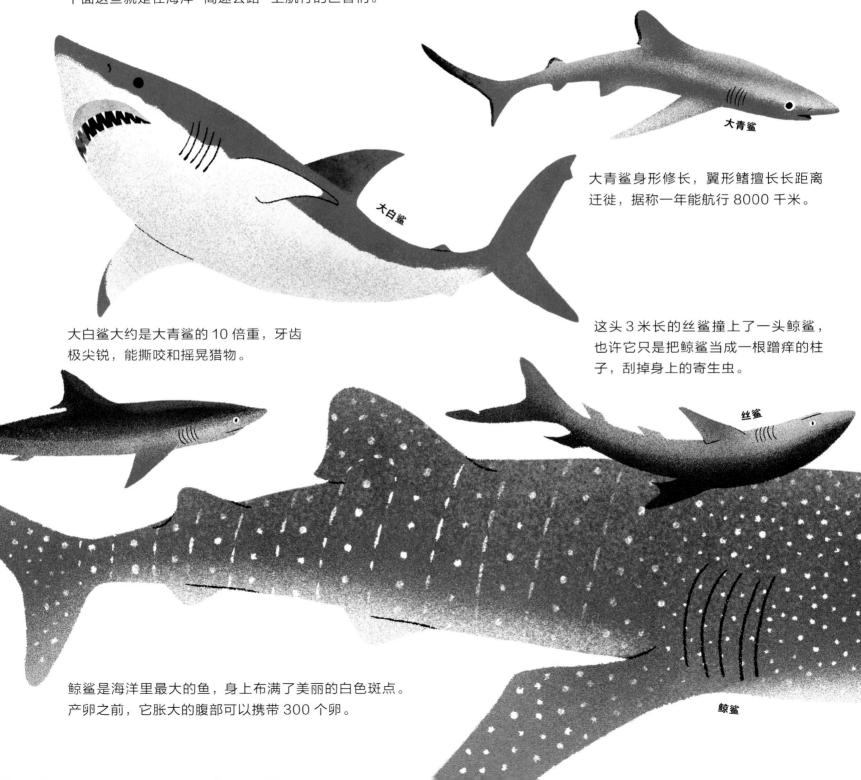

大青鲨身形修长，翼形鳍擅长长距离
迁徙，据称一年能航行 8000 千米。

大青鲨

大白鲨大约是大青鲨的 10 倍重，牙齿
极尖锐，能撕咬和摇晃猎物。

大白鲨

这头 3 米长的丝鲨撞上了一头鲸鲨，
也许它只是把鲸鲨当成一根蹭痒的柱
子，刮掉身上的寄生虫。

丝鲨

鲸鲨是海洋里最大的鱼，身上布满了美丽的白色斑点。
产卵之前，它胀大的腹部可以携带 300 个卵。

鲸鲨

流浪的刺胞动物

"刺胞动物"在英文里的意思是"刺人的生物"，包括水母、管水母和海葵等。水母能穿越整个海洋，任何落入它长长的触手上被刺的东西，都是它的食物。

僧帽水母

有一些水母看起来很迷幻，比如海月水母——在水中浮浮沉沉，就像熔岩灯里的泡泡。还有一些刺胞动物则会让你脊背发凉。

僧帽水母看起来像水母，但其实是管水母，一个由不同的个体组合成的群落。它升起色彩斑斓的"帆"，像一艘行驶在海上的致命游艇，后面拖曳着长长的触手。这条致命的"钓鱼线"能刺伤和麻痹猎物，并释放毒性很强的毒液。

海月水母

浮游生物

浮游生物由小小的植物（浮游植物）和小小的动物（浮游动物）组成。从太空中看，浮游植物盛放，就像绿松石墨渍在水中层层漾开。这些小小的植物就利用阳光生长。浮游动物会吃浮游植物，更大的捕食者则吃浮游动物。这样，小小的浮游植物引发了一系列连锁反应，喂养着整个海洋食物链。

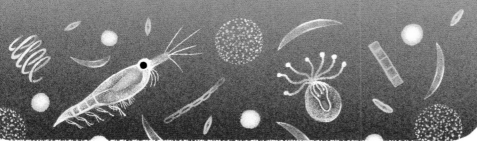

漂泊信天翁

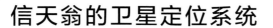

信天翁的卫星定位系统

漂泊信天翁有着世界上所有鸟最宽的翅展：3.5米，比一些小汽车都要宽。更神奇的是，它的脑子里有一个内置的"卫星定位系统"，指引它年复一年地回到同一个巢。每年有2500只漂泊信天翁回到南大西洋的南乔治亚岛生儿育女。

无处可藏

很难想象，一个如此广阔、深邃、人迹罕至的汪洋大海，会受到人类活动的影响……但事实的确如此。从海洋变暖、过度捕捞到海洋污染，我们正威胁着海洋的健康。

每年大概有 800 万吨的塑料垃圾被倒入海洋，相当于每分钟就倒满满一卡车的垃圾。海洋动物因为鳍、颈或喙被缠绕其中而大量死亡。在阳光和海水的作用下，这些垃圾分解成纸屑大小的碎片，甚至分解成更小的微塑料（小于 5 毫米），漂浮在海洋表面，或者被冲上海岸。它们被超过 220 种海洋动物（包括海鸟、鱼、甲壳类动物）误当成食物吞下肚子，影响遍及整个海洋食物链。我们，在毫不知情的情况下，可能通过食用海鲜而摄入成千上万的微塑料。我们污染海洋，并为之付出着惨重代价。

但我们在改变。我们在对一次性塑料说不，我们在重新回收和利用，我们在齐心协力保护海洋。毕竟，这颗蓝色星球不仅是近 80 亿人的家园，也是无数其他生物的家园——可能每天都有新的物种出现。这是一个值得保护的家园。

呼唤所有的
海洋英雄

地球卫士遍布整个世界。有一些英雄为守护我们的海洋奉献了一生。随着对海洋的了解越来越多，科学家们发现了一些方法，可以让这颗蓝色星球变得更美好。

倾听

史蒂夫·辛普森博士发现，鱼类整天都在叽叽喳喳聊个不停，发出声音吓跑捕食者，或者吸引异性。这是一种我们刚刚懂得去聆听的水下语言。史蒂夫用水下麦克风监听这些神奇的声音：咔嚓咔嚓、嘎吱嘎吱、噼里啪啦……但是，人类的船用螺旋桨、海上钻井正在令海洋变得越来越喧闹，也令鱼类的声音越来越难被听到，幼鱼越来越难找到珊瑚礁栖身。但是，随着我们对这些影响了解的增多，我们能更快地将音量降下来。

跟踪

科学家正在利用跟踪设备跟踪海洋动物并了解它们的行为——从它们在哪里进食，到它们游多远觅食。动物学家露西·奎因博士利用追踪器发现了南乔治亚岛上漂泊信天翁数量骤降的原因——原来，成年信天翁误将塑料当作食物，并千里迢迢运回巢中给雏鸟食用。

科学家正在研究食用塑料会如何影响信天翁，而这些跟踪数据可能能帮助他们找到海上的塑料堆积处。

探索

海洋里还有很多秘密等待我们去探索。为此，乔恩·科普利博士一次次乘坐迷你潜艇潜入深海。在南极洲几乎冰冻的海水里，他发现了意想不到的生命——从热泉喷口的新生物（如毛茸茸的雪人蟹）到 2 米高的巨大海绵。

多亏了这些深海探索项目，科学家才发现这些需要我们保护的新的生物和栖息地。

保护

这些年来，棱皮龟（世界上最大的海龟）的数量近乎灾难性地急剧减少。但在加勒比海的特立尼达岛上，我们看到了新的希望。几十年前，棱皮龟的龟蛋被盗，龟肉和皮革则被卖掉。当时，环保主义者伦·彼得自愿承担起了海龟保护者的职责。每天晚上，他在村子里的海滩巡逻，以保护龟巢。与当地组织一起，他们改变了海龟的命运。20 世纪 90 年代，每晚只有 30 只棱皮龟到他的村子的海滩和附近的一个海湾产卵。

现在，每晚有 500 只棱皮龟来这里产卵——环保主义者的胜利。

你的蓝色星球

我们每天都可以做一些简单的事情来保护我们的蓝色星球。

拔掉电源

看看你是否可以减少每天的能源消耗：下次你觉得冷的时候，试试多穿点，而不是开暖气。不在家的时候记得关灯，电子设备不用的时候记得关掉。通过这些行为，我们能减少能源的使用，空气中令地球变暖的二氧化碳也会随之减少。

我们星球的肺

树木能吸入二氧化碳，呼出氧气。我们种的树越多，就越能阻止全球变暖，保护地球。

成为一名海洋生命的发现者

你可以帮助科学家了解野生动植物种群的状况。从跟踪鸟类、鱼类到哺乳动物，或数数海滩上的不同海藻，我们可以帮助科学家一起收集新信息。

塑料没有那么好

留在陆地上的垃圾，会被冲入下水道，最终进入海洋，被海里的动物吃掉。这些塑料需要上百年时间才能分解。这就是为什么世界各国都开始禁用一次性塑料，如塑料购物袋。

减少、回收、再利用

试着减少塑料的使用量，比如随身携带一个可重复使用的水杯，对塑料吸管说不。与其把东西扔掉，不如与他人共享，旧的玩具和衣服都可以重新变成新的。那些不能被重复使用的，要谨慎地回收。这样，它们就不必进入垃圾填埋场，而是可以重生：就像纸板箱可以再变成纸，水果蔬菜的皮可以变成土壤的堆肥，那样，废塑料也可以再变成有用的物品。

从太空看，夜晚的地球也像银河系的星星一样熠熠生辉。今天，随着人类的足迹遍布全球，地球之光闪耀得更加明亮，那些曾经漆黑一片的地方也变得灯火通明。但是，每一天，都有越来越多的人在学习更谨慎地对待地球。

变化是这样开始的——就像远方的一道波纹化为海浪，海浪越来越大，积聚力量，最后带着雷鸣般的声响冲上海岸。